AF359961

CONSIDÉRATIONS

SUR

LA PREMIÈRE LIVRAISON

DES

ANNALES AGRICOLES DE ROVILLE,

OU

Mélanges d'agriculture, d'Économie rurale et de Législation agricole ; par M. MATHIEU DE DOMBASLE, directeur de l'établissement exemplaire de Roville, etc.

PAR J.-A. VICTOR YVART,

Ancien Cultivateur ; Membre de l'Institut ; Professeur d'Économie rurale ; de la Société royale et centrale, et du Conseil d'agriculture , etc. , etc.

Imprimé par arrêté de la Société royale et centrale d'agriculture.

Celui qui fait croître deux épis de blé où il n'en croissait qu'un auparavant est plus utile à l'humanité que tous les politiques du monde entier réunis.

STERNE.

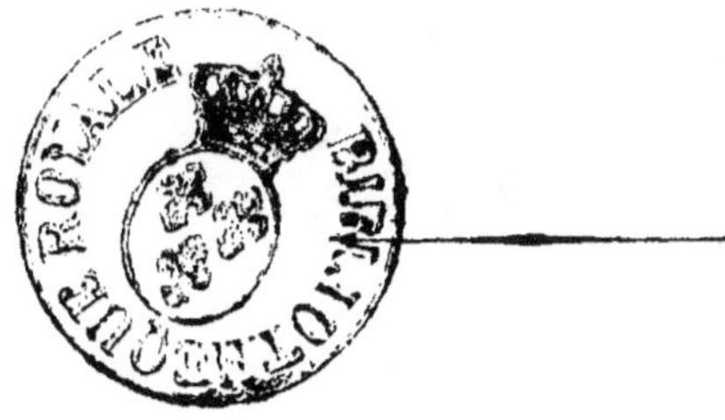

PARIS,

IMPRIMERIE DE MADAME HUZARD (NÉE VALLAT LA CHAPELLE),
rue de l'Éperon, n°. 7.

1824.

Extrait des Mémoires de la Société royale et centrale d'agriculture, *année* 1824.

CONSIDÉRATIONS

SUR LES

ANNALES AGRICOLES DE ROVILLE (1).

Cette nouvelle et intéressante production de
M. de Dombasle (2), dont S. A. R. Monseigneur
le Duc d'Angoulême a daigné agréer la dédicace,
est divisée en cinq chapitres principaux, qui
renferment un grand nombre d'objets d'une
haute importance, et elle est terminée par quatre
planches représentant divers instrumens aratoires perfectionnés.

Dans le premier chapitre, intitulé de l'AGRI-
CULTURE MODERNE, l'auteur traite successivement de l'état actuel de l'art chez les nations
européennes, du système de culture alterne,
comparé à l'assolement triennal, de l'agricul-

---

(1) L'Académie royale des sciences et la Société royale
et centrale d'agriculture nous ayant fait l'honneur de
nous charger de leur faire un rapport sur cet ouvrage de
M. *Mathieu de Dombasle*, nous avons cru devoir en
faire une analyse raisonnée, dont la Société d'agriculture
a bien voulu ordonner l'impression.

(2) Un volume in-8º. Prix : 6 francs et 7 francs 50 c.
franc de port. A Paris, chez Madame *Huzard*, libraire.

I.

ture française, des moyens de hâter ses progrès, des fermes expérimentales, et de l'établissement agricole de Roville.

Il observe d'abord avec raison que, lorsque l'on considère l'état actuel de l'agriculture sur toute la surface de l'Europe, il est impossible de ne pas reconnaître que cet art se trouve, en ce moment, à l'entrée d'une ère nouvelle, placé sur les limites de l'ancien système de culture et d'un autre système mieux approprié aux circonstances politiques et économiques des peuples aux besoins desquels il doit pourvoir.

L'origine de l'ancien système de culture se perd dans la nuit du moyen âge, de même que celle de tant d'autres institutions. Les bases de ce système étaient le partage du sol en deux parties : l'une, destinée à rester en prairies permanentes, l'autre, soumise à la charrue, et divisée elle-même en deux ou ordinairement en trois soles ; la culture exclusive des céréales ; la jachère employée, comme préparation obligée, à la culture du froment ou du seigle, suivi immédiatement des grains de mars ; enfin la jouissance en commun du pâturage.

M. *de Dombasle* reconnaît que ce système, qui comprend l'assolement triennal avec jachère et vaine pâture, était parfaitement approprié aux circonstances de l'époque pour laquelle il avait été conçu, parce que l'agriculture ne pouvait s'exercer alors que sur un très-petit nombre de plantes, prises toutes dans la famille des céréales. Exigeant le moins de main-d'œuvre possible, et pouvant être facilement mis en pratique par des hommes manquant d'instruction et d'avances pécuniaires, il convenait également à une population pauvre, peu nombreuse et peu avancée dans la civilisation. Aussi notre auteur remarque-t-il que non-seulement on ne doit pas être surpris de l'universalité de l'adoption de ce système, malgré des défauts graves, inévitables ; mais peut-être ne doit-on pas s'étonner de voir encore de nos jours quelques hommes organisés de telle sorte, que leurs idées ne se déplacent pas facilement, et que l'habitude leur tient lieu de jugement, refuser de prendre en considération la différence des époques et des circonstances, et s'élever contre les tentatives qu'on peut faire pour accélérer la chute d'un édifice, qui, dans sa vétusté, offre encore quelque chose de respectable.

Aujourd'hui nous voyons, chez toutes les nations de l'Europe, les cultivateurs les plus industrieux remplacer l'ancien mode de culture par le système de culture alterne, qui exige beaucoup plus de capitaux et d'instruction de la part de celui qui le met en pratique, mais aussi qui lui offre un produit net bien plus considérable, et qui a pour principales bases : la suppression des prairies permanentes ; la division des terres arables, où s'introduit, chaque année, la culture d'un grand nombre de plantes récemment appropriées à l'art agricole, et qui ne peuvent entrer dans l'assolement triennal ; la culture alternative sur le même sol des produits destinés à la nourriture de l'homme et de ceux qui doivent servir à alimenter le bétail, des plantes qui épuisent la terre et de celles qui l'améliorent ; le retour périodique de la culture des végétaux qui permettent de détruire, pendant leur croissance, par des sarclages et des binages, les plantes naturelles du sol qui nuisent aux récoltes.

Dans ce nouveau système, qui n'admet plus la jachère et les prairies permanentes que comme des exceptions rares et accidentelles, principalement dans les sols excessivement tenaces, la subsistance de l'homme est bien plus assurée que dans l'ancien, parce que l'abondance de nourriture destinée au bétail, produite par la culture alterne, permet de consa-

(7)

crer aux terres beaucoup plus d'engrais, et les
récoltes en tout genre s'augmentent en proportion.

M. *de Dombasle* prend pour exemple de cet
heureux résultat l'agriculture d'une grande
partie de la Flandre et de la Belgique, qui fournit peut-être le modèle de culture alterne le
plus ancien et le plus parfait qui existe en Europe, mais qui n'est bien connu que depuis un
petit nombre d'années. Là, d'après les évalua-
tions de *Dieudonné*, dans *la Statistique du département du Nord*; de *Schwerz*, dans son beau
travail sur la Belgique, et de *Cordier*, dans son
Agriculture du département du Nord, le produit
moyen en grains, d'une étendue donnée de
terre, semences déduites, est environ double du
produit moyen des terres *de même nature*, soumises à l'assolement triennal dans la généralité
de la France; nous verrons plus loin qu'on
aurait tort d'attribuer, comme quelques personnes le font, cette grande différence à la fertilité naturelle du sol.

On peut dire que c'est l'introduction de la
culture du trèfle, une des plus précieuses ac-
quisitions de l'agriculture moderne, qui a rendu nécessaire, dans les cantons où l'on a voulu
apporter quelques perfectionnemens aux pro-

cédés de l'art agricole, la chute d'un assolement dans lequel cette plante ne trouvait pas
de place, et qui a occasionné la révolution qui
s'opère aujourd'hui dans l'agriculture de l'Europe ; mais il est certain aussi que l'introduction de la pomme de terre exigeait impérieuse-
ment la même réforme par - tout où se faisait
sentir le besoin d'en étendre la culture ; et c'est
peut-être une des considérations les plus importantes qui se lient à l'adoption des assolemens
alternes; savoir, que leur combinaison permet
de donner à la culture de ces deux plantes toute
l'extension qu'on peut désirer, non-seulement
sans nuire aux autres produits qu'on a tirés jusqu'ici du sol, mais aussi en augmentant consi-
dérablement leur abondance.

M. *de Dombasle* remarque, avec raison, que
le système de culture alterne peut se plier infi-
niment mieux que l'assolement triennal à satis-
faire tous les besoins d'une nation, selon les
divers degrés de sa population, de sa richesse
et de son industrie. L'assolement triennal est
inflexible sous le rapport de la quantité comme
sous le rapport de la nature de ses produits ;
calculé pour la culture de trois ou quatre espèces de céréales, qui formaient tout le domaine de l'agriculture à l'époque où il a été

conçu, très-peu d'autres plantes peuvent y être introduites avec avantage ; la quantité de produits animaux qu'il crée pour la nourriture de l'homme, comme viande, lait, beurre, fromage, est très-peu considérable : en sorte que, chez les nations qui l'ont adopté exclusivement, les dix-neuf vingtièmes de la population doivent se nourrir presque uniquement de pain.

Cet assolement a, en outre, le très-grave inconvénient de nuire, par l'uniformité de la masse de ses produits, à l'accroissement de la population, et d'exposer les nations qui l'observent rigoureusement, comme le reconnaît aussi notre auteur, aux variations subites, si fréquentes dans le prix des subsistances, et aux alternatives de disette et d'abondance qui n'ont cessé d'affliger toutes les nations de l'Europe, et qui ont si souvent compromis le repos des empires et la vie d'une multitude d'individus.

Un des hommes auxquels la science agricole doit le plus dans toute l'étendue du continent européen (M. *Charles Pictet*) a dit : *Les véritables greniers d'abondance sont dans les bons assolemens.* En effet, non-seulement ce sont les bons assolemens qui peuvent seuls fournir des moyens de subsistance à une nation nombreuse ; mais ils peuvent seuls aussi présenter autant de garantie qu'on a droit d'en attendre dans l'ordre social, que la masse des subsistances se maintiendra constamment au niveau des besoins de la population.

Dans les nombreuses combinaisons des assolemens alternes, ce n'est plus du grain seulement que l'agriculture crée pour la subsistance de l'homme. Des produits variés présentent bien plus de chances contre les désastres causés par une saison défavorable à une espèce de récolte. Le cultivateur ayant, à toutes les époques de l'année, des terres qui ont reçu une bonne préparation, soit pour des végétaux de commerce, soit pour des plantes destinées à la nourriture des animaux, peut toujours, lorsque le besoin s'en fait sentir, en changer la destination, et obtenir, dans un court espace de temps, des alimens pour lui et pour ses concitoyens ; et il ne manquera jamais de le faire, car ses intérêts sont ici parfaitement d'accord avec les besoins de la population. La récolte qui lui offre le plus de profit est toujours celle dont la demande sur le marché lui assure le débouché le plus avantageux.

M. *de Dombasle* démontre ces vérités de la manière la plus satisfaisante, et il nous paraît prouver irrésistiblement que l'adoption de la culture alterne, en favorisant puissamment l'accroissement de la population, est également très-propre à maintenir constamment l'équilibre nécessaire entre la masse de cette population et celle des subsistances, ainsi que des autres productions indispensables pour son entretien et sa prospérité.

Il combat victorieusement l'erreur très-commune, même parmi des hommes très-éclairés, qui consiste à croire que dans un pays où la population s'est fixée au point où elle pouvait être alimentée par l'ancien système de culture, il serait impossible d'adopter les assolemens alternes, ou, pour se servir d'une expression qu'on emploie souvent, de *supprimer les jachères*, sans créer un *excédant* de produits qui ne trouverait pas de débouchés dans la consommation intérieure, et qui, en conséquence, resterait à charge aux cultivateurs.

Il observe ensuite que, quoique la masse des terres soumises aux assolemens alternes soit encore bien peu considérable dans les neuf dixièmes de la France, cependant on remarque déjà très-bien la tendance à une augmentation de la consommation de la viande parmi le peuple, et spécialement chez les habitans des campagnes : cet effet est le résultat d'un peu plus d'aisance qui s'est répandue parmi eux depuis une trentaine d'années ; mais cette augmentation est bien plus marquée encore chez quelques peuples voisins, comme dans diverses parties de l'Allemagne, et sur-tout dans l'Empire Britannique. Chez cette dernière nation, le prix de la viande a diminué graduellement depuis l'époque où le système de culture alterne y a été introduit, et il est tombé à un taux beaucoup inférieur à celui qui existe en France, proportionnellement aux autres objets de consommation : aussi, *Arthur Young* remarquait-il, au commencement de ce siècle, que la consommation de la viande était *dix fois plus considérable* dans plusieurs cantons de l'Angleterre qu'elle ne l'était quarante ans auparavant ; tandis qu'à la même époque, la nourriture du peuple, en France, se composait presque exclusivement de pain.

Nous avons vu que les assolemens alternes avaient le très-grand avantage de favoriser puissamment l'accroissement de la population. M. *de Dombasle* cite pour exemple de ce fait la Flandre française et une partie considérable de la Belgique, qu'on peut regarder comme la terre classique de cette méthode agricole, et qui sont devenus aussi les pays les plus peuplés de l'Europe. Dans le département du Nord, d'après les calculs de *Dieudonné* et de *Cordier*, déjà cités, on compte une population presque triple de celle du reste du royaume pris en masse; et cette différence est encore beaucoup plus forte, si l'on considère à part les trois arrondissemens de ce département où les assolemens alternes sont pratiqués comme méthode ordinaire de culture; car l'adoption de ces assolemens n'est pas générale dans l'étendue de ce département, et ne dépasse pas, encore aujourd'hui, les limites des états gouvernés autrefois par les anciens comtes de Flandre.

Si l'on prend en masse, dit encore M. *de Dombasle*, la partie de la Belgique qui formait les trois anciens départemens de l'Escaut, de la Dyle et de Jemmapes, la proportion est de très-peu inférieure, d'après *Schwerz*, à celle du département du Nord. Ce n'est pas à la fertilité naturelle de leur sol que ces pays doivent leur étonnante population, ainsi que leur immense produit en grains; car nous voyons que, dans le département du Nord, les parties les plus fertiles sont précisément les moins peuplées et les moins riches, parce que la culture n'y a pas encore été portée au même point de perfection. Nous voyons un des cantons naturellement les plus stériles de la

Belgique, et peut-être de l'Europe entière, la Cam-
pine, réunir une population un peu inférieure,
il est vrai, à celle du département du Nord , mais
encore beaucoup plus que double de celle de
toute la France, et quatre ou cinq fois plus nombreuse que celle de plusieurs de nos départemens
les plus favorisés par la qualité naturelle de leur
sol, et auxquels il ne manquerait que l'adoption
du même système de culture pour la dépasser
beaucoup.

On peut rapprocher ce fait de celui qu'on
observe en Angleterre, où l'on a vu le comté de
Norfolk, qui possède un des territoires les plus
pauvres et les moins fertiles de toute la Grande-
Bretagne , se distinguer, sous le rapport de la
population et de la richesse , par l'effet de l'industrie de ses cultivateurs, qui ont été les premiers à adopter le système de culture alterne.

M. *de Dombasle* appuie sur de nouvelles
considérations, la possibilité d'accroître consi-
dérablement notre population par l'adoption
des assolemens alternes , comme aussi de prévenir l'extrême division des propriétés territoriales , et d'augmenter la consommation, en
augmentant l'aisance des classes industrielles.

Passant à la considération de l'état actuel de
notre agriculture, il dit que si nous portons

nos regards sur l'état relatif de l'agriculture
chez les diverses nations européennes, nous
sommes bien forcés de convenir que, nous autres Français, nous sommes restés fort en arrière dans cette lice d'émulation qu'elles par-
courent aujourd'hui avec ardeur. L'ignorance
seule de ce qui se passe hors de nos frontières
pourrait faire contester cette vérité ; et ce serait bien mal placer l'amour-propre national
que de chercher à obscurcir ce fait , qu'il importe de connaître, si l'on veut apporter quelque
remède à un mal qui menace pour l'avenir, encore plus que pour le présent , la prospérité de
notre patrie.

Ce n'est pas, comme l'observe encore M. *de
Dombasle,* qu'il n'existe en France des cantons
cultivés avec une perfection qui n'est surpas-
sée par aucune nation de l'Europe. Nous pouvons nous enorgueillir de la culture d'une partie de cette Flandre, qui a été le modèle et le
berceau des assolemens alternes en Europe.
Quelques parties de l'Alsace, et quelques autres
cantons sur divers points du royaume , offrent
aussi des pratiques agricoles plus ou moins parfaites. Ce n'est pas seulement parce que ces
cantons sont très-peu étendus, relativement à
la surface du royaume , qu'il dit que notre agri-

culture, considérée en général, est restée en arrière ; c'est sur-tout parce que les principes de l'art, réunis en un corps de doctrine, sont beaucoup moins répandus parmi les praticiens, en France, que chez les autres nations ; et cependant ce n'est que sous cette forme que la connaissance des bons procédés peut prendre quelque extension. Tout s'enchaîne et se lie dans la pratique de l'agriculture, et la connaissance d'un fait isolé conduit rarement à des résultats satisfaisans. Par exemple, la culture du trèfle, naturalisée en Flandre depuis un temps immémorial, s'est beaucoup étendue en France depuis une trentaine d'années ; sans doute elle a produit du bien dans quelques cantons, mais il aurait fallu apporter avec la plante les assolemens dans lesquels les cultivateurs flamands la font entrer : presque par-tout on l'a placée dans un assolement qui ne lui convient pas, et l'on n'en a retiré qu'une très-faible partie des avantages qu'on devait en attendre, tant pour la quantité de fourrage qu'elle peut produire que pour l'amélioration du sol. C'est pour cela qu'on entend si souvent répéter contre cette récolte des reproches qu'elle ne mérite nullement. Il est très-probable qu'au lieu d'augmenter la production du froment, comme elle doit le faire lorsqu'elle est bien entendue, la culture du trèfle l'a plutôt diminuée dans presque tous les cantons où elle a été récemment introduite.

Qu'il nous soit permis de dire ici que, dans nos *Considérations générales et particulières*, publiées en 1822, *sur les meilleurs moyens d'ar-river graduellement à la suppression de la jachère, avec de grands avantages*, nous croyons avoir démontré cette triste vérité, et tracé, à l'aide de la théorie, confirmée par une pratique irrécusable, la véritable marche à suivre pour obtenir tous les résultats désirables (1).

Il y a environ quarante ans, dit M. *de Dom-basle*, que les assolemens alternes, usités en Flandre, ont été connus en Angleterre : bien-tôt les principes de cet art ont été posés ; les cultivateurs de cette nation, qui communiquent entre eux par des réunions, par la lecture, par la publication de leurs observations, les ont adoptés, en les modifiant selon les circonstances locales ; et aujourd'hui les assolemens alternes

---

(1) Il existe encore dans la librairie de Madame *Huzard* quelques exemplaires de cet ouvrage, comme aussi d'une *Notice sur l'origine et les progrès des assolemens raison-nés*, et d'une *Excursion agronomique en Auvergne*, du même auteur.

forment la base de la culture des terres dans une partie très-considérable du Royaume-Uni.

Ces mêmes assolemens sont revenus chez nous, et ont été présentés comme une production anglaise...... Mais pourquoi, pendant un temps aussi long, sommes-nous restés les froids témoins d'un exemple donné au milieu de nous, et qui a porté à un point si élevé la population et la richesse du canton qui nous l'offrait ? Pourquoi avons-nous souffert qu'une nation étrangère recueillît l'honneur et les profits d'une imitation raisonnée? Aujourd'hui encore, hors du petit nombre de cantons où la pratique des assolemens alternes s'est établie depuis très-long-temps, et où elle se perpétue, je dirais presque comme une routine, combien compterait-on, sur toute la surface de la France, d'exploitations de quelque étendue où on l'ait adoptée avec succès, *comme méthode habituelle de culture ?....* Combien ne trouve-t-on pas encore parmi nous d'hommes, d'ailleurs éclairés, qui répètent tous les jours que les riches assolemens qui sont en usage en Flandre ne peuvent convenir que dans des sols aussi fertiles et de même nature que ceux de cette partie du royaume : tandis que la première cause de cette étonnante fertilité se trouve dans les bons assolemens eux—mêmes, qui ont successivement amélioré les terres de ce pays? En Angleterre , au contraire, les assolemens alternes ont été appliqués aux sols de toute nature, même les plus pauvres, et par-tout avec un succès complet.

En étendant ses réflexions aux instrumens d'agriculture et à l'éducation des bestiaux, M. *de Dombasle* s'attache à démontrer la supériorité de nos voisins sur nous, sous ces différens rapports; puis il ajoute : « c'est à dessein que j'ai choisi l'Empire Britannique, pour puiser dans l'histoire de son agriculture, au milieu d'une multitude d'autres faits, quelques exemples propres à montrer à mes concitoyens combien nous nous sommes laissé devancer dans la carrière des améliorations raisonnées de l'agriculture. C'est en effet l'Angleterre qui, parmi les nations de l'Europe s'est avancée, la première dans cette carrière ; mais plusieurs nations du Continent y ont marché aussi avec bien plus de rapidité que nous; j'aurais pu présenter à l'appui de cette vérité, des faits nombreux pris dans l'état actuel de l'art, dans diverses parties de l'Allemagne, en Suisse, en Danemarck, en Suède, en Hongrie, et jusqu'au fond de l'Ukraine ou sur les bords de la Moskowa.

2.

» On va dire sans doute, continue M. *de Dombasle*, que je cherche à humilier mes compatriotes, que je blesse l'amour-propre national... Je ne me suis certes pas dissimulé que les vérités que j'ai cru indispensable d'énoncer, produiraient cet effet; mais je crois que la flatterie n'est pas plus salutaire aux nations qu'aux hommes qui occupent un poste élevé dans l'ordre social. Est-ce donc en entretenant de douces illusions sur le véritable état des choses; est-ce en flattant notre vanité de fausses idées de supériorité, que nous parviendrons à rétablir l'équilibre que la France n'aurait jamais dû laisser pencher en faveur d'aucune nation ? Si j'avais cru que le mal que je mets à découvert fût sans remède, j'aurais gémi et je me serais tu...; mais je sais bien que le jour où la France le voudra, ne sera pas bien éloigné de celui où elle aura reconquis le rang qu'elle avait laissé perdre, *par inadvertance.* Cependant ne fallait-il pas qu'elle embrassât d'un coup d'œil toute la carrière, et qu'elle se formât une idée juste des distances, afin qu'elle pût développer l'énergie nécessaire pour parvenir au but?

»...Comment se fait-il que cette même nation, parmi tant de genres de supériorité, en ait laissé échapper un si important? Comment s'est-elle laissé devancer dans un art qui a fait, en Europe, depuis un demi-siècle, de si rapides progrès, et qui, il est facile de le prévoir, contribuera si puissamment à l'avenir à fixer les rangs des nations entre elles, parce qu'il donnera la mesure de leur population, de leurs richesses, et par conséquent de leur puissance?

» La cause unique de cette espèce d'oubli, c'est que, depuis le règne du grand Henri et le ministère de l'immortel Sully, le génie des habitans de cette nation s'est trouvé constamment détourné vers d'autres objets. En France, dit-il, le gouvernement a toujours exercé une influence toute-puissante pour diriger, à sa volonté, l'esprit et les efforts d'une nation vive, ardente et sensible. Si depuis deux siècles on eût appliqué aux perfectionnemens de l'agriculture les soins, les encouragemens et les dépenses qu'on a prodigués à la poésie, à la peinture, à la sculpture, à l'architecture, à la musique, je n'ose presque pas dire à la danse, on peut croire que ces arts n'auraient pas atteint un si haut degré de perfection; et la nation française ne se serait peut-être pas décorée, dans les siècles derniers, d'une si brillante couronne; mais il est certain aussi que nous verrions aujourd'hui bien loin derrière nous, dans la carrière des améliorations agricoles, ces mêmes nations dont nous sommes forcés maintenant de suivre les traces.

» Ce n'est pas, ajoute M. *de Dombasle*, que je prétende qu'on doive blâmer les encouragemens donnés, par les gouvernemens, aux arts de pur agrément : il est bien permis à une grande nation, de même qu'à un particulier opulent, de faire quelque chose pour ses plaisirs, peut-être même quelque chose pour l'éclat et le luxe; mais c'est à condition, pour l'une comme pour l'autre, que les dépenses et le degré d'attention qu'ils y consacrent, ne seront que dans une certaine proportion avec d'autres soins plus graves et d'une nature plus importante, avec d'autres dépenses plus utiles.

» ...La faute la plus grave, dit-il plus loin, que puisse commettre une nation, c'est de négliger la source des richesses et de la population; et lorsque les nations qui l'entourent adoptent un système nouveau, qui tend à multiplier les élémens de la puissance, on peut dire qu'elle n'est pas libre d'adopter ou de ne pas adopter le même système. En effet, lorsque tout marche autour de nous, *ne pas avancer, c'est reculer;* et s'il était possible qu'aujourd'hui, au milieu des progrès du nouveau système d'agriculture, dont l'effet est d'accroître si prodigieusement les richesses et la prospérité des états, un peuple de l'Europe demeurât étranger à ces progrès et s'obstinât à conserver l'ancien assolement triennal, il ne tarderait pas à perdre son rang parmi les nations.

» Il est également certain que la prospérité et la puissance de chaque état auront désormais pour mesure, la promptitude et le succès avec lesquels les peuples répudieront un système agricole qui a pu leur suffire lorsqu'il leur était commun avec les autres nations, mais qui, dans les circonstances présentes, les laisserait dans un état toujours croissant d'infériorité relative. Au milieu de la marche rapide de tout ce qui nous entoure, *n'avancer que lentement, c'est encore reculer.* »

M. *de Dombasle* en reportant ses regards sur l'état actuel de l'agriculture en France, trouve, à côté de vérités bien affligeantes, de grands motifs d'espoir pour l'avenir; et il reconnaît que s'il est vrai que nous sommes restés fort en arrière des améliorations que l'agriculture a reçues chez quelques nations voisines, il est également incontestable que la pratique de cet art s'est cependant améliorée d'une manière sensible dans plusieurs de ses branches et dans un grand nombre de localités ; mais la tendance générale des esprits vers de plus grands perfectionnemens, est bien plus remarquable encore : telle est la marche de l'esprit humain, les connaissances acquises sont toujours un stimulant qui provoque de nouvelles recherches ; les améliorations obtenues ouvrent les yeux sur celles qu'il est possible d'obtenir encore. On peut dire qu'en France tout est mûr aujourd'hui pour l'introduction des améliorations agricoles les plus importantes ; et jamais la situation des choses n'a été aussi favorable pour fonder l'espoir de grands succès.

« Aujourd'hui, poursuit-il, un très-grand nombre de personnes entrevoient, du moins, la carrière immense qui nous reste à parcourir pour mettre à découvert la mine inépuisable de richesses que nous offre le sol de notre belle patrie. De toutes parts, une foule d'hommes, dans tous les rangs de la société, non-seulement s'occupent *spéculativement* d'améliorations agricoles, mais travaillent à introduire, dans des exploitations grandes ou petites, des procédés qu'ils jugent plus parfaits que ceux de la méthode ordinaire.

» Malheurement beaucoup de ces tentatives sont mal dirigées et ne sont signalées que par des revers; mais ce qu'il y a de très - remarquable, ce qui peut servir à caractériser l'époque actuelle, et à pronostiquer ce que nous pouvons espérer pour l'avenir, c'est que ces revers, au lieu de porter le découragement dans l'esprit de ceux qui veulent parcourir la même carrière, ne sont plus regardés que comme des fanaux qui signalent les écueils qu'on doit y éviter. On ne dit plus comme autrefois : *Voici encore un nouvel exemple qui montre que les pratiques consacrées par plusieurs siècles d'expérience sont bien préférables à toutes les nouveautés.* Chacun reste bien convaincu qu'à l'époque où nous vivons il y a quelque chose de mieux que l'ancien système de culture ; ce mieux, souvent on ne le connaît pas, mais du moins on recherche, on discute, et il y a même un certain nombre de principes d'amélioration qu'on ne conteste plus, et qu'on peut regarder comme établis, du moins en théorie.

» Je parle ici, ajoute M. *de Dombasle*, de l'opinion et des dispositions de la grande majorité des hommes éclairés en France, opinion qui gagne tous les jours du terrain parmi les cultivateurs de profession, quoique presque tous les hommes de cette classe se

trouvent placés, par l'incertitude ou l'ignorance des meilleurs moyens à employer, ou
par des obstacles et des entraves de divers
genres, dans l'impossibilité d'adopter, du moins
sur une grande échelle, des améliorations dont
un grand nombre d'entre eux reconnaissent bien
les avantages. Sans doute, il en existe encore
beaucoup auxquels le défaut absolu d'instruction ferme les yeux sur l'utilité de toute espèce de changement dans leurs anciennes pratiques; et même dans les classes de la société
où l'on devrait s'attendre à rencontrer plus de
lumières, il se trouve toujours quelques hommes qui ne savent pas se mettre au niveau des
connaissances dont l'art s'enrichit tous les jours:
de temps à autre quelques voix discordantes
s'élèvent encore en faveur des jachères et de la
vaine pâture; mais on ne daigne même plus y
répondre.

» De cette disposition générale des esprits, il
résulte une grande avidité de connaissances
agricoles. Mais, d'un autre côté, on est bien
revenu de l'engouement qu'ont excité chez
beaucoup de personnes, vers la fin du siècle
dernier, les théories hasardées, les idées systé-
matiques qui formaient le caractère de tant
d'écrits publiés par des hommes entièrement

étrangers à l'art qu'ils prétendaient enseigner, et qui ont jeté une défaveur très-marquée sur les livres d'agriculture en général. Aujourd'hui ce sont des faits positifs qu'on recherche, des connaissances fondées sur la pratique et l'expérience. »

Notre auteur, après avoir judicieusement observé que par-tout se font sentir le désir et le besoin des connaissances dans l'art qui nourrit et enrichit les peuples ; après avoir indiqué les principaux obstacles qui s'opposent encore au perfectionnement de notre agriculture, au nombre desquels il place avec raison, la puissante intervention du gouvernement, et signalé divers moyens d'y parvenir, présente quelques idées sur la formation des fermes exemplaires ou des établissemens spécialement destinés à servir de modèles et à démontrer, par l'expérience, les résultats des méthodes de culture les plus parfaites, ou ce qu'il est le plus important d'introduire dans le pays qu'on a en vue.

« L'idée de la formation d'établissemens de ce genre n'est pas nouvelle, dit-il, cette institution fait depuis long-temps l'objet des vœux des hommes éclairés du royaume ; et cependant il n'a encore été rien fait en ce genre, tandis que chez

presque toutes les nations de l'Europe il existe
des établissemens ruraux, plus ou moins nombreux, plus ou moins importans, destinés spécialement à l'avancement de l'art agricole.

» Chacun sent que s'il est vrai que tous les arts
s'apprennent bien mieux par l'exemple et les
leçons de la pratique, que par les préceptes de
la théorie, cela est vrai pour l'agriculture comme
pour tous les autres arts, et peut-être encore
plus que pour tout autre.

» Il est même bien certain aux yeux de tout
homme qui connaît les dispositions de presque
tous les cultivateurs, que ce qui importe le
plus pour propager les bons procédés agricoles,
c'est encore moins de les enseigner, que de
convaincre que telle chose est possible, que
telle pratique est économique et profitable ;
mais c'est ce que ne feront jamais ni les livres
ni l'enseignement. »

M. *de Dombasle* en parlant, à cette occasion,
de la seule chaire d'agriculture qui existe en
France ; en reconnaissant que l'École vétérinaire
d'Alfort a rendu à l'art des services qu'on ne
saurait trop apprécier ; qu'elle est considérée
aujourd'hui, à juste titre, comme le modèle et
le type de toutes les institutions du même
genre qui existent dans toutes les parties de

l'Europe; et en rendant pleine justice au zèle éclairé qui nous anime pour l'enseignement de l'économie rurale, reconnaît avec nous l'insuffisance des moyens à notre disposition pour produire tous les résultats désirables. Il fait des vœux pour que de grands établissemens spéciaux soient entièrement consacrés à cet important objet, en prenant toutes les précautions indispensables pour assurer leur succès ; il lui semble que de tous les plans qu'on pourrait adopter pour l'administration d'une ferme publique exemplaire, il n'en est qu'un dont on puisse se promettre du succès ; c'est le même dont les résultats ont été si heureux et d'une si haute utilité dans l'établissement agricole dirigé par M. *Thaër*, à Mœgelin , en Prusse, et dans plusieurs autres fermes semblables, organisées dans diverses parties de l'Allemagne. «Qu'on fasse choix, dit-il, d'un homme capable, qu'on achète, ou au moins, qu'on afferme pour un bail long, un domaine d'une étendue un peu considérable; qu'on place cet homme à la tête de l'exploitation, pour qu'il la dirige *pour son compte*, en lui confiant un capital déterminé, suffisant pour y introduire une bonne culture : en supposant le directeur bien choisi, la position sera très-avantageuse pour lui, si l'on n'exige pas une redevance annuelle, et si l'on considère les produits de la ferme comme devant former son traitement ; car un homme industrieux et connaissant l'art, placé dans cette position, doit, dans l'espace de dix ans, se mettre en état d'acheter, avec les produits de l'exploitation, le domaine qu'il cultive. Mais il faut remarquer que les bénéfices qu'il se procurera seront le fruit du succès de l'établissement, et qu'ils s'accroîtront d'autant plus qu'il y introduira des méthodes plus parfaites, et par conséquent qu'il atteindra mieux le but dans lequel l'établissement avait été formé. Par cette combinaison, on a donc identifié l'intérêt personnel du directeur avec l'intérêt public. L'homme qui, en entreprenant une tâche semblable, ne serait dirigé que par des motifs d'intérêt personnel, serait, certes, très-peu propre à la remplir ; cependant tout le monde trouvera juste qu'en s'y dévouant tout entier, en y consacrant tout son temps et ses talens, il fasse aussi ses propres affaires : il vaut bien mieux lui en fournir l'occasion, en lui présentant, dans son propre intérêt, un nouveau motif d'émulation, que de le placer dans une position où l'on serait peut-être forcé de tolérer qu'à côté de l'établissement auquel il devrait consacrer

tous ses soins, il se livrât à quelque autre spéculation pour son propre compte ; ce qui pré-
senterait des inconvéniens très-graves et de plus
d'un genre.

» Avec cette combinaison, le gouvernement, en
jetant les fondemens d'un établissement d'utilité
publique, peut en calculer la dépense, qui se
borne à la première mise, et, en même temps,
il assure, aussi solidement qu'il est possible, le
succès de l'établissement, en choisissant bien
le directeur, en le surveillant convenablement,
et en donnant la plus grande publicité aux résultats positifs. »

M. *de Dombasle*, après avoir fait sentir toute
la différence qui existe entre un établissement
public, tel que celui qu'il indique, et un établissement particulier, arrive à l'exposé des
motifs qui l'ont déterminé à se placer à la tête
d'un établissement de ce genre.

« Il s'est trouvé, dit-il, un domaine qui parais-
sait, sous plusieurs rapports essentiels, créé
comme on pouvait le désirer, pour présenter le
modèle des améliorations agricoles, et ce domaine appartenait à un propriétaire éclairé
(M. *Bertier*), correspondant du Conseil d'agriculture, très zélé pour le perfectionnement de
l'art, et qui offrait de fournir de grandes facili-

tés pour la fondation d'un établissement durable. Il s'est rencontré, de plus, d'honorables Français qui n'ont pas craint de placer assez de confiance en moi pour avancer le capital nécessaire à la fondation de l'établissement.

» Mais la circonstance qui a le plus puissamment contribué à l'exécution de ce projet, et sans laquelle même il n'aurait probablement pas été formé, était l'influence d'un de ces administrateurs rares, doués à-la-fois, et d'un ardent amour du bien public, et des lumières, du jugement et de l'instruction, sans lesquels les intentions les plus pures se dirigent souvent à côté du but ; d'un magistrat qui peut tout demander à ses administrés, parce qu'ils savent tous que ses efforts, ses veilles et ses travaux de tous les jours sont consacrés à assurer, autant qu'il dépend de lui, la prospérité du pays et le bonheur de ses habitans, et parce qu'il a su réunir tous les cœurs, avec une unanimité bien rare de nos jours, dans les sentimens d'amour et de reconnaissance qu'il leur a inspirés. M. le vicomte *Alban de Villeneuve Bargemont*, préfet du département de la Meurthe, a accueilli le projet de l'établissement agricole de Roville avec cette chaleur qu'il est habitué à apporter à tout ce qui présente à ses yeux un caractère

d'utilité publique bien prononcé. Non-seulement il a voulu placer son nom à la tête de la
liste des souscripteurs ; mais il n'a cessé d'employer tous les moyens qui étaient à sa disposition pour aplanir les difficultés qu'éprouvait
l'exécution de ce projet. »

Le témoignage d'intérêt et d'approbation le
plus honorable que pût désirer de recueillir le
directeur de cet établissement est venu encou-
rager ses efforts, et a gravé dans son cœur les
sentimens de la reconnaissance la plus profonde
et la mieux sentie. Un prince auguste, pour la
France l'espoir de l'avenir, a daigné se placer
au nombre des fondateurs de la première ferme
exemplaire de quelque importance, qui ait existé
dans le royaume.

C'est le 1er. septembre 1822 que l'acte de
souscription pour l'établissement de Roville a
été arrêté dans une assemblée générale des souscripteurs, présidée par M. le préfet ; et dès le 4
décembre suivant, M. *de Dombasle,* privé de sa
fortune par des circonstances qu'il n'est pas au
pouvoir d'un homme de maîtriser, est venu fixer
sa résidence à Roville, où il est entré en jouissance du domaine. Dès ce moment, il s'est dé-
voué sans réserve à une tâche qu'il aime à con-

sidérer comme devant occuper le reste de son existence.

Nous allons maintenant essayer de le suivre dans les détails pleins d'intérêt qu'il nous donne, dans le second chapitre de son ouvrage, sous le titre de *Notice sur les opérations de l'établissement agricole de Roville*, sur tout ce qu'il y a d'important à connaître concernant l'établissement qu'il dirige.

M. *de Dombasle*, avant d'entrer dans tous les détails de culture applicables à sa première année d'exploitation, indique la situation, l'étendue et la nature du sol de son établissement.

Nous voyons que Roville, village du département de la Meurthe, situé dans une position aussi saine qu'agréable, dans le vallon qu'arrose la Moselle, sur la grande route de Metz à Besançon, se trouve avantageusement placé entre Nancy et Épinal, près de la limite méridionale du département des Vosges; que les deux tiers environ de la totalité des terres de l'exploitation, qui se compose de cent quatre-vingt-dix hectares, tant en terres arables qu'en prairies, soumises en partie à l'irrigation, sont dans une plaine entre le village et la rivière, et l'autre tiers sur le penchant et sur le sommet des coteaux qui avoisinent ce village.

Les terres de la plaine, formées d'alluvions assez récentes de la Moselle, et rarement couvertes cependant par les débordemens, mais assez difficiles à égoutter à cause d'une multitude d'ondulations et de pentes diverses, peuvent être subdivisées, 1°. en terres blanches qui en forment la majeure partie, composées d'argile et de sable très-fin, d'une culture facile en tout temps, malgré leur consistance, excepté après une longue sécheresse, très-nuisible aux récoltes du froment et du trèfle, qui réussissent, en général, passablement dans cette plaine, mais moins bien que le seigle, l'orge et les pommes de terre, qui y sont les récoltes les plus assurées ; 2°. en terres sablonneuses, rarement formées de sable pur ; 3°. en terres graveleuses, plus communes, composées d'un gravier siliceux contenant une grande quantité de galets roulés, ordinairement mélangés de sable ou de terre blanche, qui les modifie plus ou moins avantageusement.

Dans toutes les terres de la plaine, on ne rencontre aucune trace de substance calcaire ; tout y est formé de débris des montagnes granitiques et siliceuses des Vosges, où la Moselle prend sa source. Cette circonstance fait espérer à M. *de Dombasle* que les amendemens calcaires, **et sur-tout** la marne, qui abonde dans son voisinage et dont l'usage est entièrement inconnu dans le pays, y produiront d'excellens effets. Il rapporte un exemple très-curieux de l'heureuse révolution que l'emploi de la chaux a produite dans l'agriculture d'une commune peu éloignée de son exploitation.

Les terres des coteaux sont d'une nature entièrement différente de celles de la plaine, et présentent beaucoup de difficultés pour la culture, étant formées d'une argile souvent très-tenace et très-compacte, et souvent encombrées de pierres, ou embarrassées de roches souterraines, également nuisibles à la culture. Plusieurs ont une pente très-rapide, qui nuit beaucoup aussi au perfectionnement des labours; cependant elles sont, en général, plus fertiles que celles de la plaine; les céréales y souffrent moins de la sécheresse : le froment, l'avoine, le trèfle, le sainfoin, les vesces, les fèves, y réussissent fort bien, et M. *de Dombasle* ne doute nullement qu'on ne puisse y cultiver, également avec succès, la betterave, le rutabaga, le colza, et autres plantes aussi précieuses pour les assolemens.

Nous verrons plus loin que toutes ces terres jouissent du très-grand avantage d'être réunies en grandes pièces, ayant plusieurs issues sur des chemins d'exploitation , et qu'elles ne sont le plus souvent séparées les unes des autres que par des chemins, des fossés de clôture et des plantations.

M. *de Dombasle* évalue à sept pour un , au plus, le produit moyen du froment dans le département de la Meurthe , avec le système d'assolement triennal qui y est presque exclusivement en usage ; et quoique le territoire de Roville passe pour un des moins fertiles de ce département , il le regarde comme susceptible de grandes améliorations , qu'il espère y introduire sur-tout à l'aide d'un bon assolement.

. Les bâtimens d'exploitation attachés au domaine de Roville, déjà fort étendus et fort multipliés, comparés à ceux de la plus grande partie des fermes du pays , devaient encore recevoir quelques augmentations jugées indispensables, qui suffiront à peine pour le service d'une exploitation de cette étendue, soumise au système de culture alterne dans toute sa vigueur.

Le capital consacré à l'exploitation de ce domaine, objet de la plus haute importance, sur lequel les cultivateurs français sont souvent au-dessous du taux convenable pour se livrer à de grandes améliorations, et à l'égard duquel il entre dans des détails fort instructifs, a été fixé par le directeur lui-même à la somme de quarante-cinq mille francs, y compris trois mille francs environ pour les avances nécessaires à une fabrique d'instrumens aratoires, qu'il a jointe à son établissement, et environ dix mille francs pour le mobilier d'une distillerie qu'il a voulu établir sur une grande échelle, et qui forme aussi un accessoire très-important. Il annonce que l'économie la plus sévère et l'attention la plus assidue suppléeront, autant qu'il sera en lui, à la modicité de ce capital.

M. *de Dombasle* regarde, avec raison, une comptabilité régulière comme une chose absolument indispensable dans toute exploitation rurale de quelque importance, si l'on veut en obtenir d'heureux résultats, quoiqu'elle soit encore trop souvent négligée parmi nous. Dans les circonstances dans lesquelles se trouve l'établissement de Roville, c'était un devoir rigoureux pour lui de donner à cette comptabilité la forme la plus sévère et la plus lumineuse; il croit avoir atteint ce but, et il ne pense pas qu'on puisse trouver, dans quelque pays que ce soit, un établissement agricole où

des comptes aussi détaillés représentent, d'une
manière aussi fidèle et aussi claire, l'ensemble
et toutes les branches des opérations. Il n'existe
pas, assure-t-il, de manufacture, de maison de
commerce ou d'établissement public, dont les
livres soient tenus avec plus de régularité et
de détails que les siens, qui sont en parties
doubles ; et il entre, à cet égard, dans des déve-
loppemens qui nous ont paru aussi instructifs
que satisfaisans.

L'homme qui se place à la tête d'une exploitation rurale un peu étendue, et qui veut la
conduire avec quelque activité, doit encore,
comme l'observe judicieusement M. *de Dombasle*, faire tous ses efforts pour que chaque
branche de son affaire soit confiée à un homme
chargé de suivre tous les détails, en sorte que
le chef n'ait plus qu'à exercer une surveillance
générale, et à s'assurer que ses ordres ont été
bien exécutés. S'il est forcé de se placer lui-
même à la tête des ouvriers occupés à un genre
de travail, il est bien certain qu'il perdra beaucoup plus par les effets de la négligence qui
se glissera dans les autres opérations, qu'il
ne gagnera par son travail et ses soins person-
nels. Conformément à cette excellente manière
de voir, notre agronome a institué dans son

établissement, 1°. *un chef d'attelages*, chargé de transmettre ses ordres à tous les valets, de surveiller le travail exécuté par tous les animaux de trait, ainsi que les soins que ces derniers exigent à l'écurie : il conduit lui-même un attelage et il a deux aides sous lui, l'un parmi ceux qui soignent les bœufs, et l'autre parmi ceux qui sont attachés aux chevaux ; 2°. *un chef de main-d'œuvre*, chargé du choix de la surveillance et du renvoi des manouvriers, comme aussi d'en dresser journellement un état nominatif, qu'il remet le dimanche, et d'après lequel toute la main-d'œuvre de la semaine est payée, le même jour, à heure fixe : cet homme remplit aussi les fonctions de garde champêtre de l'exploitation ; 3°. *un irrigateur*, chargé spécialement de la conduite des eaux sur dix-huit hectares environ de prés arrosés, ainsi que des autres opérations qu'exigent ces prés : c'est le même homme qui fauche en été et conduit aux écuries les fourrages verts pour tout le bétail de la ferme; il bottelle aussi tous les fourrages secs consommés dans la ferme, et en hiver il veille à toutes les saignées qui tiennent les terres arables égouttées; 4°. *un berger et son aide*, qui soignent un nombreux troupeau de mérinos ; 5°. *un marcaire*, chargé

du soin des bœufs à l'engrais, des vaches et
des porcs; il a deux ou trois aides selon le besoin; 6°. *six valets de charrue,* dont quatre
sont attachés aux bœufs et deux aux chevaux ;
7°. *un commis et son aide,* pour la comptabilité. Ce sont des hommes nés à la campagne,
et qui mettent la main à l'œuvre, sans diffi-
culté, pour tous les travaux qu'exige le soin
des greniers et des magasins de bois de service,
et de fer, qui leur est confié ; ce sont eux aussi
qui remuent les tas de grain, selon le besoin,
qui vannent, criblent, mettent en sacs, etc.

Outre ces employés attachés à l'exploitation
agricole proprement dite, un contre-maître est
chargé de la direction des travaux de la distillerie et de la fabrique d'instrumens aratoires ;
outre un salaire fixe, il reçoit une portion
déterminée dans le bénéfice de ces deux branches de l'établissement.

Chaque soir, à une heure réglée, tous les
chefs de service rendent au directeur un compte
très-détaillé de tous les travaux de la journée,
et ils reçoivent les ordres pour le lendemain:
leurs avis lui sont souvent très-utiles, et ils
sont écoutés avec déférence ; mais une fois
l'ordre donné, il exige rigoureusement qu'il
soit exécuté avec ponctualité, sans admettre au-

cun prétexte pour y apporter des changemens.

La ferme de Roville est déjà garnie d'un assez bon nombre de bestiaux, qui pourra encore s'accroître. On y compte trois cents mérinos, scrupuleusement choisis pour la finesse de la laine, et dont le croît doit être vendu publiquement, tous les ans, à une fête agricole instituée par M. *de Dombasle*, à l'instar de celles qui sont si fréquentes en Angleterre et qui ont eu des résultats si heureux pour les progrès de l'agriculture. Il profitera de l'occasion du concours d'agriculteurs qu'elle pourra attirer, pour leur présenter une expérience publique de l'emploi des instrumens perfectionnés d'agriculture qui sont en usage dans l'exploitation. Son projet est d'établir aussi, pour le même jour, un concours de charrues où seront admis tous les cultivateurs ou leurs valets, conduisant eux-mêmes et sans aides une charrue simple, attelée de deux bêtes : un prix d'honneur sera décerné à celui qui exécutera, dans un temps donné, le meilleur labour sur la plus grande étendue de terrain ; les juges du concours seront des cultivateurs de profession.

Nous venons d'être informés que cette fête avait eu lieu, qu'elle avait attiré un très-grand concours d'amateurs, qu'on y avait vu avec plaisir notre confrère M. *Tessier*, et que les premiers résultats obtenus donnaient de grandes espérances pour ceux qu'on se promettait à l'avenir.

A côté d'une distillerie de pommes de terre, il est indispensable d'entretenir des bêtes à cornes et des porcs, pour en consommer les résidus.

M. *de Dombasle* a habituellement, pendant huit ou neuf mois de l'année, vingt et vingt-cinq bœufs à l'engrais, qui sont nourris et traités, sous tous les rapports, avec un soin particulier, et à l'égard desquels il entre dans des détails fort intéressans. Il ne possède encore que six vaches, et son intention est d'en porter le nombre seulement à douze, jusqu'à ce que les résultats de la comptabilité lui aient appris si ce sont les vaches laitières ou les bœufs à l'engrais qui présentent le plus de profit dans les circonstances où il se trouve : il regrette de ne pouvoir se livrer à quelques essais comparatifs pour découvrir quelles sont les races les plus avantageuses sous les rapports de produit les plus importans, et cet objet, trop peu étudié encore parmi nous, donnerait nécessairement lieu à des découvertes précieuses pour notre économie rurale. Il fait des vœux, que nous partageons, pour que ce genre de recherches fixe l'attention des hommes qui aiment à employer leur temps d'une manière utile, et qui sont placés convenablement pour s'y livrer avec succès.

Il entretient habituellement de vingt-cinq à cinquante porcs, dont il a amélioré la race par le croisement avec ceux qu'il a obtenus de l'École royale d'Alfort, et dont il vante beaucoup la grande disposition à un prompt engraissement; il a mis en vente quelques-uns des élèves métis à la fête agricole qui vient d'avoir lieu.

Pendant l'été, ses porcs sont nourris uniquement de trèfle, de vesces, et d'autre nourriture verte qu'on fauche et qu'on leur distribue dans leurs loges; pendant l'hiver, les résidus de la distillerie sont la base de leur nourriture. Jamais ils ne sortent pour aller au pâturage; mais, pendant l'été, on les conduit tous les jours à un canal, où l'eau est assez profonde pour qu'ils puissent y nager, et on les retient dans l'eau pendant quelque temps. Ce soin, que nous avons vu employer ailleurs avec le plus grand succès, contribue puissamment à les préserver des maladies et à accélérer leur croissance.

Le directeur de l'établissement de Roville a déjà introduit sur son exploitation une amélioration d'une haute importance, relativement à l'emploi des animaux de trait, en réduisant à quatorze bêtes seulement, dont cinq chevaux et neuf bœufs, le nombre d'animaux, qui s'élevait, avant lui, à trente ou trente-cinq employés à la culture du domaine. Néanmoins, avec ses attelages actuels, il laboure plus profondément et plus correctement qu'on ne l'avait jamais fait, et tous les gens du pays savent bien qu'il donne, en terme moyen, sur la généralité des terres environ le double du nombre de labours qu'elles recevaient autrefois.

Le relevé qu'il a fait de ce nombre l'a convaincu qu'il excédait celui qu'obtenait ordinairement chez lui un cultivateur avec un attelage de quarante à cinquante chevaux. C'est une chose vraiment incompréhensible pour tous les cultivateurs de notre pays, dit-il, que la possibilité d'exécuter cette quantité de travaux avec un attelage semblable. Une charrue qui fait, avec deux bêtes, autant d'ouvrage et de meilleur ouvrage qu'ils n'en font avec six, voilà, ajoute-t-il, le mot de l'énigme.

Ses labours n'ont jamais moins de six pouces

de profondeur; le plus souvent ils en ont sept
ou huit.

En général, il lui est impossible de conce-
voir qu'on puisse se livrer à l'agriculture avec
profit, lorsqu'on est forcé d'atteler à la charrue quatre ou huit chevaux, et dans son pays
on en met bien plus souvent huit ou dix que
quatre.

C'est une question qu'on a souvent et lon-
guement discutée que celle de savoir si les
bœufs ou les chevaux conviennent mieux aux
travaux de l'agriculture. En composant ses attelages en partie des uns et des autres, l'intention de M. *de Dombasle* était d'obtenir des
données pour la solution de cette question.
Jusqu'ici, et d'après sa première année d'expérience, son opinion penche en faveur des bœufs,
et il ne lui paraît pas douteux que tous les travaux d'une exploitation ne puissent s'exécuter
plus économiquement avec eux qu'avec les chevaux; il en excepte cependant les transports éloi-
gnés, pour lesquels le service des chevaux est
réellement préférable selon lui, et pour lesquels
il est bon d'en entretenir quelques-uns dans
une ferme.

Une expérience de six ans lui a appris à apprécier tout le mérite de la carotte, considérée

comme nourriture d'hiver pour ces animaux, et il se propose de la substituer au grain à l'avenir.

Une autre question qui a été controversée, relativement aux attelages de bœufs, est celle qui se rapporte à la préférence qu'on doit donner au joug ou au collier. On a apporté dans cette discussion beaucoup de raisonnemens et un grand appareil de théorie. Il a paru à M. *de Dombasle* que cette question était de nature à se résoudre beaucoup mieux par l'expérience : en conséquence, il a pris le parti d'atteler deux paires de bœufs suisses, habitués à ce mode d'attelage, pendant que ses autres bêtes tiraient au collier, et il a observé avec beaucoup de soin les résultats. Il est incontestable, selon lui, que les bœufs attelés au collier marchent plus vite, sans se fatiguer davantage que ceux qui tirent au joug; il lui est démontré aussi que c'est par erreur que beaucoup de personnes croient que ces animaux peuvent développer plus de force par les muscles de la tête et du cou que par ceux des épaules : ses bœufs, qui tiraient au joug et qui étaient de beaucoup les plus forts de l'écurie, ne pouvaient labourer ni plus profondément ni une plus grande étendue de terre que ceux qui étaient attelés au collier.

Il a trouvé d'ailleurs au joug un inconvénient très-grave pour les labours, dans les ter-
rains situés en pente rapide : la position des
animaux était tellement gênée dans ce cas,
qu'ils étaient presque toujours blessés à la
base des cornes ; ce qui les faisait beaucoup
souffrir dans le travail, et ce qui les rebutait
à un tel point, qu'il devenait presque impossible de les faire marcher régulièrement, et
par conséquent d'obtenir un labour correct.

Tous ces motifs l'ont déterminé, après six
mois d'épreuve, à renoncer entièrement au
joug.

La charrue simple a été exclusivement employée à tous les labours de l'exploitation de
Roville, dans les sols de toute espèce ; et M. *de
Dombasle*, qui s'est constamment occupé de la
perfectionner, en est de plus en plus satisfait,
et croit pouvoir enfin dire aujourd'hui qu'il
n'est pas probable qu'il y apporte de changement notable. Nous le désirons bien sincère-
ment dans son intérêt comme dans celui de
la science et de l'art.

Il a également perfectionné l'*extirpateur* dont
il se servait depuis dix ans , en substituant des
pieds de fer aux pieds de bois. En ayant fait un
très-grand usage , il n'hésite pas à le considé-

rer comme le plus précieux des instrumens de culture après la charrue, à laquelle on peut souvent le substituer avec beaucoup d'avantage. Son emploi est fort économique, puisqu'un extirpateur à cinq socs, attelé de trois ou quatre chevaux, selon la nature et l'état de la terre, cultive au moins deux hectares par jour.

Il s'est aussi occupé avec succès du perfectionnement de la herse, dont il fait un très-grand usage dans tous les travaux de préparation des terres, et en l'employant à propos pendant deux ou trois mois, il assure, ce que nous sommes très-disposés à croire, qu'il nettoie la terre beaucoup plus efficacement que par une jachère complète, exécutée à la manière ordinaire.

Il a adopté la herse de M. *de Valcour,* propriétaire très-industrieux de son département, et il donne la figure de cet instrument perfectionné.

Il emploie peu *le rayonneur;* mais il a fait construire une nouvelle *houe à cheval,* laquelle, étant attelée d'un seul cheval, bine environ un hectare et demi de terre par jour, lorsque les lignes sont distantes de deux pieds. Pour butter ses récoltes sarclées, il se sert avec avantage d'une charrue à deux versoirs. Il donne un état comparatif très-satisfaisant de l'économie qu'il a obtenue avec ces instrumens, en les substituant aux opérations manuelles.

Il n'a employé jusqu'à présent qu'un semoir à brouette pour les graines fines ; mais il se propose d'en faire construire un, également fort simple, pour les céréales.

Il a adopté exclusivement, pour tous les travaux de la ferme, l'emploi de petits chariots conduits par un seul cheval, que nous nous rappelons avoir vu fortement recommandé par *Arthur Young,* et il s'en applaudit tous les jours davantage, considérant, avec raison, cet usage comme lui apportant autant d'économie dans les travaux de charrois que les charrues simples dans le labourage, et c'est à ces chariots autant qu'à la charrue qu'il doit l'avantage d'avoir pu diminuer le nombre de ses bêtes de trait, comme nous l'avons vu, si fort au-dessous de la proportion ordinaire, en restant beaucoup plus fort en attelages que le commun des cultivateurs.

Il ne possède que depuis peu une *machine à battre* écossaise, perfectionnée, sur laquelle il se propose d'entrer dans beaucoup de détails par la suite. Il peut cependant dire, dès à présent, qu'il a lieu, jusqu'ici, d'être très-satisfait de son service, le battage s'y opérant d'une manière parfaite pour le froment, le seigle et l'avoine, qui sont les seules espèces de grain qu'il y ait fait battre jusqu'à ce jour. Elle lui paraît différer avantageusement des machines de ce genre importées de Suède, d'après lesquelles il assure que presque toutes celles qui existent en France ont été construites. Conduite par trois chevaux, elle bat facilement, par heure, trois hectolitres et demi de froment, un peu plus de seigle, et huit hectolitres d'avoine, lorsque les gerbes de chaque espèce de grain sont lourdes et rendent bien.

M. *de Dombasle* observe, avec sa sagacité ordinaire, que le choix de l'assolement qu'on veut adopter présente un des sujets de méditation les plus importans dans l'organisation d'une exploitation rurale ; car c'est de ce choix que dépendent, en très-grande partie, les bénéfices de la culture, et la conservation ou l'augmentation de la fertilité du sol. On a dit, avec raison, que l'assolement forme le trait le plus caractéristique d'une bonne ou d'une mauvaise culture.

Il entre, à cet égard, dans les détails les plus instructifs et les plus satisfaisans, avant de faire connaître l'assolement raisonné qu'il a jusqu'à présent adopté pour la plaine, n'étant pas encore fixé sur tous ceux qu'il doit adopter ailleurs, et manquant encore, principalement pour ce qui regarde ses terres fortes, de quelques données que des observations ultérieures lui fourniront. Il s'étend ensuite sur le mérite des principales plantes dont la culture est admise sur l'établissement de Roville, notamment sur les céréales, la pomme de terre, le sarrasin, le houblon, le colza, le trèfle incarnat, le lin, le chanvre, et le millet considéré comme fourrage.

L'article des engrais et amendemens fournit encore des renseignemens précieux. Il calcule d'abord la quantité de fumier d'étable qu'exige l'exploitation; puis il examine quelles sont ses ressources pour les obtenir, et il pourvoit aux moyens de combler le déficit par des engrais et amendemens supplémentaires, qu'il indique en s'étendant sur leurs effets relatifs.

L'ouvrage que nous analysons, contenant quelques détails sur les graves inconvéniens auxquels les plantes nuisibles aux récoltes exposent les cultivateurs, sur-tout lorsqu'ils essaient de perfectionner leurs assolemens, nous ne pouvons nous dispenser de rappeler ici l'opinion que nous avons eu plus d'une fois occasion d'émettre à ce sujet.

La première chose à faire, selon nous, dans tous les modes possibles d'assolemens, c'est de s'occuper sans relâche, par les moyens les plus expéditifs, les plus simples et les plus économiques, de la complète destruction de ces plantes, qui deviennent le plus puissant obstacle à toute culture profitable, qui nécessitent trop souvent l'emploi coûteux de la jachère, quoiqu'elle ne les détruise pas toujours efficacement, et qui exigent l'attention la plus soutenue pour prévenir leur retour sur les terres sur lesquelles on est parvenu à obtenir l'heureux résultat de les faire disparaître.

Cet objet important est malheureusement encore négligé presque par-tout ; et cependant *aneublir, engraisser et sur-tout nettoyer la terre, en la couvrant toutefois judicieusement des végétaux les plus profitables, tout le secret des assolemens est là, et il ne peut réellement être ailleurs.*

Nous ajouterons qu'ayant eu l'avantage de remporter le prix proposé par une Société étrangère sur l'importante question de la destruction des plantes les plus nuisibles aux récoltes, nous n'avons cessé, depuis, de nous livrer à de nouvelles recherches et à de nouveaux essais pour rendre notre travail de plus en plus utile, et nous espérons pouvoir en publier bientôt les résultats.

L'exploitation d'une ferme étant une véritable spéculation industrielle, et la balance des produits et des dépenses étant, par conséquent, l'objet qui mérite l'examen le plus attentif, M. *de Dombasle* a cru devoir présenter le budget approximatif de son établissement, autant que les circonstances dans lesquelles il se trouve pouvaient encore le permettre ; il en résulte, pour les dépenses, un total de trente six mille quatre cent soixante-dix francs, et pour les recettes quarante-sept mille sept cent trente-trois francs ; ce qui donnerait un bénéfice de onze mille deux cent soixante-trois francs pour la première année, la plus difficile de toutes à bien établir. Il déclare qu'il ne sait pas si, en payant le même prix du loyer des terres, le fermier le plus actif pourrait, en suivant l'assolement triennal, compter sur deux ou trois mille francs de bénéfice annuel dans la ferme qu'il cultive d'après le système des assolemens alternes.

L'objet qui intéresse le plus l'agriculture, dans les observations que notre agronome a pu faire, cette année, sur la distillation des pom-

mes de terre , est le rapport de la faculté nutritive de ce tubercule pour le bétail, selon qu'il
est employé dans son entier, soit cuit, soit cru,
ou bien après avoir subi les procédés de la fer-
mentation et de la distillation. Il a trouvé qu'il
y avait une perte de près du quart sur la faculté
nutritive des pommes de terre. En comparant
la valeur des résidus avec celle des tubercules
entiers, et en recherchant , d'après cette donnée, le rapport qui existe relativement à la
quantité de nourriture fournie par le bétail ,
entre un hectare de pré et un hectare de pommes de terre, destinées à être soumises au pro-
cédé de la distillation , il trouve qu'on peut
obtenir d'une terre arable . de qualité moyenne,
un produit en pommes de terre , considérées
comme aliment propre à engraisser les bestiaux, supérieur à celui de la meilleure prairie,
ce qui n'est pas d'une petite importance en
agriculture , indépendamment de l'avantage
qu'offre la culture de ce précieux tubercule de
servir d'une excellente préparation pour plusieurs récoltes successives. Ce résultat est du plus
grand intérêt à nos yeux , et ne saurait être
trop médité par tous les cultivateurs.

Dans l'intention de propager l'emploi des
instrumens perfectionnés dont M. *de Dombasle*

se sert dans son établissement, il lui a paru
absolument indispensable d'y joindre une fabrique où les propriétaires et les cultivateurs
pussent être assurés de s'en procurer de parfaitement semblables à ceux dont on y fait usage.
En effet, une fabrique de ce genre ne pouvait
être mieux placée que près d'une exploitation
rurale, où l'expérience apprend, à chaque ins-
tant, les modifications qu'il est convenable d'apporter à la construction des instrumens, pour
donner à l'emploi qu'on en fait toute la perfection qu'on peut désirer. La multitude de de-
mandes qui lui ont été adressées, depuis que
cette fabrique est établie, lui a prouvé que le
public avait su apprécier les avantages d'un établissement de cette espèce, et il indique, dans
son ouvrage, les prix généralement peu élevés
des principaux instrumens qu'il peut fournir
aux cultivateurs.

Il serait d'une haute importance, pour l'utilité que le public peut tirer d'une ferme exemplaire, qu'on pût y joindre un institut agricole,
destiné à recevoir les jeunes gens qui désire-
raient se familiariser avec les méthodes qu'on
y pratique.

On doit regretter, selon nous, que le directeur de celle de Roville ne puisse penser, pour

le présent, à créer cette branche importante
de l'établissement; mais nous voyons avec plaisir qu'en attendant qu'il puisse le faire, il consent à recevoir près de cet établissement, pour
répondre au désir que beaucoup de personnes
lui ont manifesté, un certain nombre de jeunes
gens, de l'âge de dix-huit ans au moins, qui
pourraient trouver le logement et la table dans
des maisons honnêtes de Roville, et qui dési-
reraient suivre les travaux de l'exploitation, à
condition qu'ils consentiront à s'exercer per-
sonnellement au maniement des instrumens
d'agriculture et aux autres travaux d'une ferme,
parce qu'il est convaincu qu'il est très-important que l'homme qui veut se placer à la tête
d'une exploitation rurale soit familiarisé avec
toutes ces opérations.

Il consent également à faire lui-même deux
leçons par semaine, lesquelles seront consacrées à donner aux élèves les connaissances nécessaires pour qu'ils puissent se livrer, avec
succès, à l'exploitation d'un domaine.

La comptabilité de l'exploitation leur sera
toujours ouverte, et il désire beaucoup qu'ils
soient disposés à y travailler eux-mêmes, afin
d'apprendre à en connaître le mécanisme.

Le cours sera de deux années, dont la première commencera le 1er. septembre de cette année, et le prix de l'instruction est borné à 300 francs par an.

Il consent encore à recevoir des valets de charrue pour s'exercer au maniement des instrumens perfectionnés, et à donner l'instruction gratuite à tous ceux qui s'engageront à rester avec lui pendant un an, en déposant, à leur entrée, une somme de cent cinquante francs pour garantie de cet engagement ; la rétribution sera très-modique, si ces apprentis restent moins d'un an sur l'établissement, et le prix de leur nourriture est fixé à dix-huit francs par mois.

M. *de Dombasle* a compris dans son ouvrage, sous le titre de *Pièces diverses relatives à la fondation de l'établissement agricole de Roville:*

1°. *La liste des souscripteurs,* dont le nombre s'élève à quarante-trois, à la tête desquels a daigné se placer S. A. R. Monseigneur DUC D'ANGOULÊME, et parmi lesquels on remarque avec plaisir, à côté de M. le préfet du département de la Meurthe, sept pairs de France, six membres ou correspondans du Conseil d'agriculture, et plusieurs membres de l'Académie des sciences, de la Société royale et centrale

d'agriculture, ainsi que des propriétaires ruraux très-distingués;

2°. *L'acte de souscription*, passé le 2 septem
bre 1822, par lequel on voit, entre autres
stipulations, dictées par le désir le plus vif
de coopérer aux progrès de notre agriculture,
que l'intérêt des quatre-vingt-dix actions, de
cinq cents francs chacune, dont se compose la
souscription, est de cinq pour cent, qui doit être
acquitté le 1ᵉʳ. juillet de chaque année; que tous
les objets mobiliers de l'exploitation, à l'excep-
tion d'un fonds du troupeau laissé à titre de
cheptel par M. *Bertier*, servent de gages aux ac-
tionnaires, pour le remboursement du montant
de leurs actions, ainsi que pour le paiement
des intérêts; et que le remboursement du ca
pital de ces actions devra se faire en dix paie-
mens égaux, d'année en année, à partir de la
cinquième année de l'exploitation;

3°. *Le bail du domaine de Roville*, qui comprend également les clauses les plus propres
à favoriser l'amélioration de l'agriculture, et
qui est fait pour vingt années, dans l'intention
de procurer au département de la Meurthe une
ferme-modèle.

L'ouvrage de M. *de Dombasle* renferme aussi
un mémoire sur *les réunions territoriales*: il

rappelle les graves inconvéniens que présente
l'état actuel de division des propriétés rurales,
dans les neuf dixièmes des communes d'une
partie considérable du royaume, et indique
les meilleurs moyens d'opérer les réunions générales qui ont eu lieu, avec de grands avantages, dans plusieurs états de l'Europe; réunion
dont il n'existe malheureusement en France
qu'un très-petit nombre d'exemples, au nombre desquels se trouve le territoire de Roville,
réuni par les efforts de M. *de la Galaisière*, ancien intendant de la Lorraine et seigneur de
cette commune. Il rappelle également l'ouvrage
fort utile publié par M. le comte *François de
Neufchateau*, dans lequel cet ardent ami de
l'agriculture a fait sentir tous les avantages de
la belle opération de ce genre, opérée, il y a
près d'un siècle, dans la commune de Rouvre,
en Bourgogne.

On trouve encore, à la fin de cet ouvrage,
un autre mémoire, intitulé : *De l'impôt sur les
eaux-de-vie, dans ses rapports avec l'agriculture*, dans lequel M. *de Dombasle* présente
plusieurs observations intéressantes sur l'influence que peuvent exercer les dispositions
législatives en cette matière , sur la prospérité
et les progrès de l'agriculture française, par-

(61)

ticulièrement en ce qui concerne la culture de
la pomme de terre et l'engraissement des bestiaux.

Quelque longue que puisse paraître l'analyse raisonnée de l'ouvrage de M. *de Dombasle*,
à laquelle nous nous sommes empressés de
nous livrer, nous devons craindre qu'elle ne
soit insuffisante pour faire bien sentir tout le
mérite de cet excellent travail, plein de faits du
plus grand intérêt, de réflexions judicieuses,
qui indiquent un agronome animé des meil-
leures vues, profondément versé dans l'art et
la science agricoles, et capable d'opérer la plus
heureuse révolution dans une des branches les
plus importantes de notre système actuel d'économie rurale. Cet ouvrage, dont l'auteur, membre d'un grand nombre de sociétés savantes, s'est
déjà fait connaître avantageusement à tous les
amis de l'économie rurale par d'autres productions fort utiles, doit faire époque, selon
nous, dans les Annales de l'agriculture euro-
péenne, et contribuer puissamment au perfectionnement de la nôtre.

Nous avons eu l'avantage de visiter à deux
reprises différentes les cultures de M. *de Dombasle*, et elles nous ont donné l'idée la plus
favorable de ses connaissances et de son zèle.

Son établissement nous en rappelle un autre qu'on nous assure être formé aussi avec l'intention de perfectionner les assolemens, dans le département de la Gironde, par M. *Dortic*, sur la propriété de M. *Laffon de Ladebat*, sous les auspices de MM. les comtes *de Breteuil* et *de Tournon*, et qui est honoré du titre de *Ferme expérimentale du duc de Bordeaux*. Le département du Doubs en possède encore un qui nous paraît avoir spécialement le même objet en vue. Nous devons espérer qu'ils ne seront pas les seuls que nous verrons introduire sur notre territoire, et qu'à l'aide des efforts que le Gouvernement fera, de son côté, l'agriculture française, rivalisant avec celle des contrées qui nous environnent, prendra enfin le rang distingué que lui assignent son sol, son climat, et sur-tout l'industrieuse activité de ses cultivateurs, si elle est sagement dirigée.

www.ingramcontent.com/pod-product-compliance
Lightning Source LLC
La Vergne TN
LVHW021756170726
843503LV00007B/2890